Capitaine F. MICHOT

LE

FOOTBALL RUGBY

PARIS
LIBRAIRIE VUIBERT
63, BOULd SAINT-GERMAIN

1922

LE FOOTBALL RUGBY

A LA MÊME LIBRAIRIE

Capitaine F. MICHOT

LE
FOOTBALL RUGBY

PARIS
LIBRAIRIE VUIBERT
63, BOUL^d SAINT-GERMAIN

1922

A mes anciens amis
du Club athlétique de la Société générale
et du Stade forézien universitaire.

F. M.

————

INTRODUCTION

Il existe déjà quelques ouvrages sur le Rugby.
Les uns exposent d'une façon détaillée les règles
du jeu. D'autres examinent successivement le rôle
des différents joueurs et les procédés simples de
jeu.

A leur lecture, celui qui ne connaît pas le
Rugby n'est guère plus avancé après qu'avant. En
effet, ces ouvrages ne donnent pas une idée de la
conduite d'ensemble d'une partie de Rugby, de sa
physionomie, et laissent ainsi dans l'ombre ce
qui en est le principal, c'est-à-dire les idées générales directrices du jeu de Rugby et les différents
procédés tactiques. C'est pourtant cette compréhension intelligente du jeu qui en fait tout l'intérêt.

Sans viser à de hautes prétentions, ce petit
traité comble une lacune. Il met en relief et dé-
gage les traits essentiels du Rugby, que mécon-
naissent parfois des joueurs éprouvés.

Il est le fruit d'une quinzaine d'années d'observations pratiques personnelles.

Il laisse de côté l'exposé aride des règles du jeu,
qui sont d'une simplicité enfantine lorsqu'on les

apprend *sur le terrain*, mais il vise surtout à donner, sous une forme concise et résumée, l'impression exacte de son allure.

Il peut être lu avec profit par tous ceux qui désirent connaître le jeu, et même par beaucoup d'autres qui croient savoir jouer.

La connaissance des règles et les moyens physiques remarquables d'un joueur ne suffisent pas, si celui-ci n'est pas pénétré de l'idée, de la science du jeu, qui doivent se traduire chez lui en toute circonstance en réflexes instantanés.

Ce petit ouvrage sera également un guide utile pour l'instructeur, l'entraîneur d'une équipe, qui s'appliquera à développer chez ses athlètes le sens de la manœuvre.

En outre, on trouvera à la fin des indications concernant l'instruction individuelle technique du footballeur, qui peuvent être appliquées et donner d'excellents résultats dans les écoles, collèges et dans l'armée, c'est-à-dire partout où les joueurs sont journellement ensemble, et disposent d'heures communes pour leur entraînement.

NOTE EXPLICATIVE

Le Rugby est un sport violent.

Une partie ou match de Rugby se joue entre deux équipes nettement différenciées par un maillot uniforme aux couleurs des clubs respectifs.

Chaque équipe est composée de quinze adultes vigoureux, qui se répartissent généralement de la façon suivante :

8 avants, 2 demis, 4 trois-quarts, 1 arrière.

La durée de la partie est de deux mi-temps de quarante minutes chacune, séparées par un repos de cinq minutes, à la suite duquel les équipes changent de camp.

Le terrain de jeu est une pelouse rectangulaire de 100 × 70 mètres maximum, et 95 × 66 mètres minimum.

Le jeu est dirigé par un arbitre, qui, de son sifflet, donne le signal du commencement et de la fin de la partie. L'arbitre siffle en outre à toute infraction aux règles qui nécessite une interruption du jeu.

Le *but du jeu* consiste à porter le ballon dans le camp adverse et à le poser à terre derrière la ligne de but. Tous les efforts d'une même équipe tendent à ce résultat. Un joueur dans l'impossibilité de progresser lui-même avec le ballon, le transmet à un de ses coéquipiers mieux placé, avec cette restriction essentielle que le ballon n'est pas lancé avec la main « en avant » dans la direction des buts ennemis, si peu que ce soit.

Tous les efforts de l'équipe adverse tendent à arrêter les joueurs qui portent le ballon, à empêcher l'autre équipe de progresser, et à chercher à progresser elle-même.

L'équipe la plus forte refoule l'autre peu à peu dans son camp, finit par percer sa défense, et « marque un essai » (poser le ballon à terre derrière la ligne de but adverse), qui vaut 3 points.

Cet « essai » donne à l'équipe qui le marque le droit de « tenter le but », c'est-à-dire essayer d'envoyer le ballon par un coup de pied donné du terrain de jeu entre les deux poteaux de buts et au-dessus de la barre transversale. La réussite du but compte 2 points.

Le gain de la partie est attribué à l'équipe qui a marqué le plus de points.

A égalité de points, deux prolongations de 20 minutes sont ordonnées successivement par l'arbitre.

Il est évident que le jeu n'est pas aussi simple qu'il est expliqué sommairement ici.

Des règles précises et minutieuses déterminent tous les détails d'exécution, tranchent les incidents multiples et variés qui se produisent au cours d'un match.

Le lecteur ignorant du Rugby, pour qui cette Note explicative est écrite, y puisera les éléments nécessaires à l'intelligence de la suite.

LE FOOTBALL RUGBY

CHAPITRE PREMIER

GÉNÉRALITÉS

Le jeu de Rugby est un jeu collectif par excellence. Basé sur la solidarité, l'entente parfaites des divers éléments d'une même équipe, il est une excellente école de discipline librement consentie, de volonté, d'endurance, en même temps qu'un merveilleux délassement moral. C'est en outre le premier des sports complets.

Les façons de jouer sont multiples, du fait de l'emploi varié des lignes d'une équipe, suivant les circonstances qui peuvent influer sur la conduite du jeu. Ces circonstances sont elles-mêmes variées à l'infini.

Dans tous les cas, *gagner, c'est imposer sa volonté, son jeu à l'adversaire.*

D'une façon générale, on entend par *jeu ouvert* le jeu qui consiste à employer de grandes passes, de grands déplacements rapides et risqués, comme moyens de progression du ballon.

Au contraire, le *jeu fermé*, est un jeu prudent, de défense, de passes très courtes, de dribbling (1), de progression lente et sûre par échelons de touches successives.

Au cours d'une même partie, le jeu peut comporter des alternatives de jeu fermé et de jeu ouvert.

L'Équipe.

La première des qualités nécessaires à une équipe est sa **cohésion,** dans chaque ligne, et dans l'équipe toute entière.

Tous les efforts doivent tendre à perfectionner cette cohésion. Les exploits isolés sont généralement voués à l'insuccès. Un essai marqué n'est pas un succès personnel dont il convient de féliciter un joueur. Il est l'aboutissant normal d'une série d'efforts et de combinaisons qui sont l'œuvre de tous.

Une équipe qui veut être forte doit être **disciplinée,** obéir sans hésitation aux ordres de son capitaine, qui seul sait exactement ce qu'il veut faire.

Une équipe doit avoir la **volonté de vaincre.**

Une confiance mutuelle et une volonté achar-

------

(1) *Dribbling.* — Le dribbling consiste à pousser le ballon dans la direction des buts adverses au moyen de petits coups de pied. Pour éviter de faire rebondir le ballon trop loin, le coup est donné avec l'intérieur ou l'extérieur du pied, mais jamais avec le bout.

née peuvent donner des résultats surprenants et déjouer les pronostics les mieux établis.

Une bonne équipe, et qui joue bien, joue **en silence**. La valeur de l'équipe est aussi en raison directe de la valeur individuelle athlétique des équipiers.

D'une façon très générale, les qualités requises pour les différents joueurs sont les suivantes :

Avants · poids, résistance, souffle;

Demis : adresse, souplesse, décision;

Trois-quarts : vitesse, puissance, bon plaquage;

Arrière : sang-froid, bon plaquage, adresse des mains et bon coup de pied.

Les différentes lignes.
Généralités.

Les qualités particulières recherchées pour chaque catégorie de joueurs découlent du rôle qui est assigné à chacune des lignes d'une même équipe.

Rôle des avants. — *Assurer à l'équipe la possession du ballon. — Fixer le jeu le plus loin possible dans le camp adverse.*

Pour remplir ce rôle, les avants doivent être *grands* (pour les touches), *lourds* et *puissants* (pour les mêlées), *actifs* (pour la poursuite incessante du ballon).

Rôle des demis. — Véritable chien de berger derrière le paquet d'avants, le demi recueille le fruit de leur travail. Le ballon pris par lui est *transmis* aux trois-quarts. Le choix du côté de l'attaque est un point important pour le demi.

Souple, retors, adroit, le demi est capable de toutes les ruses. La rapidité de ses décisions n'est jamais en défaut. Il a toujours une compréhension claire de la situation actuelle ou prochaine.

Rôle des trois-quarts. — *Attaquer à fonds.* Une attaque de trois-quarts parfaits devrait *toujours* se terminer par *un essai.*

En effet, le trois-quart menacé *fait sa passe* avant d'être plaqué, ou en même temps; *il est toujours suivi.* La passe arrivant sur l'ailier doit se *redoubler,* un trois-quart centre prolongeant le mouvement.

L'arrêt par plaquage est donc une maladresse pour celui qui est plaqué avec le ballon. En outre, le coup de pied en touche de l'ailier, terminant une attaque de trois-quarts, ne peut être employé qu'en dernière ressource par un ailier non suivi.

Un bon trois-quart doit être vite, puissant, bon plaqueur, et adroit de ses mains.

Rôle de l'arrière. — Suprême ressource de l'équipe, l'arrière *renvoie le ballon* à la 1re ligne de son équipe, ou loin en touche. *Il doit arrêter toute attaque adverse* qui a franchi les lignes précédentes. Ses fautes sont irréparables. L'arrière doit avoir un sang-froid imperturbable, une grande adresse des mains, un puissant coup de pied et un plaquage infaillible.

On voit donc qu'une équipe a pour lutter :

1° *Un groupe important d'avants* (8), qui constitue sa *première ligne* d'attaque et de résistance, chargé de faire le gros travail, d'éclaircir la situation, de tenir le terrain et de s'approprier le ballon — tâche dure, ingrate et sans gloire.

2° Derrière ce rideau protecteur d'avants, la *ligne d'attaque par excellence* (4 trois-quarts) attend, fraîche, fringante, trépidante, que le ballon lui soit servi pour se déclancher, et s'envoler, rapide et puissante, vers les buts ennemis.

3° La *jonction* entre ces deux éléments différents est assurée en toute circonstance par les deux demis.

4° En arrière de tout le dispositif se tient l'*arrière*, comme dernière réserve et ultime sûreté.

Conduite générale de la partie.

Le jeu ne consiste pas, comme des équipes médiocres semblent le croire, à avoir raison d'un adversaire par la force brutale, c'est-à-dire, pour employer le terme consacré, à *jouer l'homme*.

C'est au contraire le *ballon qu'il faut jouer*. Tous les efforts doivent tendre à en être maître, *s'en emparer et le conserver*. Cette possession du ballon, pour une équipe, est primordiale. Une équipe qui n'a pas le ballon *ne joue pas*. Elle se borne à neutraliser le jeu de l'adversaire, elle en est réduite à se défendre; elle ne peut plus gagner, elle ne peut que limiter sa défaite.

Donc, les avants poursuivent le ballon sans répit, l'arrachent à l'adversaire. Les demis, distributeurs de jeu, le transmettent à la ligne d'attaque par excellence (les trois-quarts), qui, fraîche et rapide, vole à l'essai.

Les demis jugent de l'opportunité de lancer les trois-quarts dans des limites de lieu et de situation.

La possession du ballon ayant une importance extrême, il n'y a donc pas de plus lourde faute pour un joueur que de donner le ballon à l'adversaire par un coup de pied inconsidéré au milieu du terrain, sous prétexte de dégager son camp.

Suivant l'adversaire qui lui est opposé, et après que cet adversaire a été étudié au début de la partie, une équipe peut être amenée à se montrer offensive, ou à se tenir sur la défensive. Une même partie comporte des phases tour à tour offensives et défensives suivant les occasions. Il convient donc d'étudier quelles sont les raisons habituelles qui peuvent déterminer l'emploi du *jeu ouvert* ou du *jeu fermé*.

Causes indépendantes des joueurs. — L'ÉTAT DU TERRAIN. — Un terrain sec prédispose au jeu ouvert; un terrain marécageux rend le ballon lourd, les déplacements moins rapides, favorise le jeu fermé.

L'ÉTAT ATMOSPHÉRIQUE. — La *pluie* rend le ballon glissant et les passes imprécises. Le jeu ouvert est presque impossible.

LE VENT. — Le sens du vent, pour vous ou contre vous, détermine le choix du jeu.

LE SOLEIL, dans vos yeux, ou dans ceux de vos adversaires, produit des résultats analogues.

Causes provenant de la valeur respective des équipes. — L'équipe qui est en état de supériorité manifeste *ouvre le jeu* à outrance, de façon à accabler l'adversaire sous la multiplicité de ses attaques, et à accumuler les essais.

L'équipe la plus faible peut *se réserver* et se tenir sur une prudente *défensive*, pendant presque toute la partie, de façon à fatiguer l'adversaire tout en conservant ses forces fraîches. Toutefois, elle est à l'affût de la première occasion nettement favorable, et utilise toute défaillance passagère chez l'équipe adverse pour *ouvrir* à son tour *à fond*. Sur un succès ainsi obtenu, elle doit se cantonner plus que jamais dans une défensive serrée et tenir ainsi jusqu'au coup de sifflet final.

Lorsque les deux équipes en présence ne se

connaissent pas, il est indispensable, au début de la partie, d'*observer l'adversaire*, de se rendre compte de *sa façon de jouer*, de *repérer ses points faibles, lignes mal soudées*, ou *joueurs maladroits*, tout en restant soi-même sur une prudente défensive.

Par exemple on remarque si une aile des trois-quarts est servie plus volontiers; on lance le ballon sur l'arrière en le chargeant, pour voir comment il se comporte, etc.

L'équipe adverse étant ainsi appréciée, le capitaine peut modifier la sienne en conséquence, pour résister aux joueurs les plus dangereux, et pour profiter des faiblesses de l'adversaire. *C'est toujours sur le point faible qu'il faut forcer et redoubler les coups*.

Le *jeu ouvert* est de beaucoup le plus joli, c'est le jeu d'attaque par excellence. Le ballon vole de mains en mains avec adresse et rapidité, les joueurs chargent à toute allure. L'équipe qui pratique le jeu ouvert est en formation diluée. Les joueurs, espacés sur de larges intervalles, laissent l'adversaire dans l'indécision sur le point qui sera subitement menacé. Le ballon, par passes assez longues, file rapidement d'une aile à l'autre en gagnant du terrain, ou par grands déplacements au pied sert un trois-quart aile qui a le champ libre.

Devant cette *menace générale* et sur tout le terrain, l'adversaire se désorganise et se trouve sans défense lorsque l'attaquant finit par trouver *le trou dans lequel il fonce.*

Cette façon de jouer comporte un risque, qui est l'*interception* de la passe. Ce risque n'a pas un grand inconvénient, puisque l'équipe qui peut ouvrir le jeu a le temps et le terrain derrière elle pour y parer.

C'est surtout à proximité des buts adverses et dans les 22 mètres adverses qu'il convient d'ouvrir le jeu.

Le *jeu fermé*, au contraire, est un jeu de défense, ou d'attaque prudente et lente. Les joueurs restent *groupés*, avec le ballon dans les pieds, et progressent ainsi en « dribblant ». — *Pas de passes*, si ce n'est à coup sûr à un camarade très près. Ce jeu se pratiquant surtout lorsqu'on est menacé, il convient de remarquer que la moindre imprudence peut être fatale. Une grande passe devant ses propres buts est une lourde faute.

Tout joueur qui peut le faire doit *dégager en touche* au pied, à tout prix, et instantanément. *Plaquer* sans trêve, se grouper sur le ballon et le garder. Gagner du terrain sans laisser échapper le ballon.

Cette façon de jouer est moins plaisante à l'œil.

Elle comporte une longue suite d'efforts obscurs et tenaces, le terrain n'est conquis que lentement. Elle plaît certainement moins aux spectateurs qu'une belle envolée de trois-quarts fougueux.

Si les deux équipes pratiquent volontairement ce jeu, comme cela se produit souvent dans des matchs de championnats importants, la partie perd de ce fait beaucoup de son intérêt et gagne en brutalité. Le beau jeu, le vrai jeu de Rugby n'est réellement pratiqué qu'en matchs amicaux entre équipes scientifiques et qui ne tiennent pas d'une façon trop absolue à gagner.

Une partie de Rugby bien menée doit donc se présenter sous l'aspect suivant. Au début, l'adversaire est étudié, on recherche si sa force réside dans ses avants ou dans ses trois-quarts. On repère soigneusement les joueurs brillants à qui le ballon sera passé souvent. On repère également les joueurs médiocres ou maladroits. Pendant cette période on joue posément, et on se borne à gagner du terrain par de longs coups de pied en touche.

L'adversaire étant reconnu, si l'on se sent réellement plus fort, on commence à jouer à toute allure, de toutes ses lignes, et à harceler l'adversaire sans répit, en ne répétant jamais deux fois de suite la même combinaison. L'effort principal est toujours porté *contre la ligne faible*, ou sur le joueur maladroit. Avec une équipe peu entraînée et qui risque de ne pas tenir 80 minutes à toute allure, il convient d'alterner les efforts avec des périodes de calme relatif.

En tout cas, le but à atteindre est de trouver *le trou* dans les lignes adverses, et, s'il n'existe pas, à le créer en forçant l'adversaire à exécuter certains déplacements. C'est là le chemin qui conduira à l'essai.

Si l'on se sent plus faible que l'adversaire, il faut essayer de le fatiguer par une défense passive et rigoureuse, fermer le jeu à outrance. L'adversaire peut se lasser en efforts stériles; c'est alors qu'il faudra profiter de la première occasion favorable pour déclancher une ouverture foudroyante qui peut surprendre l'adversaire en défaut. Si un essai vient récompenser cette manœuvre, il est peu prudent de vouloir la rééditer. Une défensive plus rigoureuse que jamais semble au contraire indiquée, pour conserver la faible avance d'un essai.

Une équipe peut n'être pas également forte dans toutes ses lignes.

Une forte ligne d'avants assure à son équipe la possession du ballon, et la conduite du jeu. Avec des trois-quarts faibles, elle peut être appelée à fournir le plus gros effort pour aller à l'essai. Sa progression procède plus du jeu fermé que du jeu ouvert. — C'est *le paquet* qui *dribble*, qui gagne du terrain de touche en touche; c'est la ligne déployée à très courte distance, les passes se faisant très rapidement, presque de main à main. C'est la *poussée brutale* en bloc dans les buts et l'*écroulement* sur le ballon.

Une forte ligne de trois-quarts derrière une ligne d'avants faible n'a pas le ballon. Elle se borne à briser les attaques de la ligne de trois-quarts adverse et elle ne peut charger que par raccroc, lorsqu'un incident quelconque lui permet, par hasard, d'avoir le ballon. Ses brillantes qualités ne sont pas employées, ou rarement.

Une équipe n'est presque jamais parfaite en toutes ses lignes; deux équipes en présence encore moins. Le rendement des joueurs est en outre variable pendant tout le cours de la partie jusqu'à la fin. De là, on peut en déduire les aspects infiniment variés d'une partie, suivant la valeur respective des lignes opposées, et suivant le plus ou moins de fatigue des joueurs.

CHAPITRE II

LES JOUEURS

Des considérations précédentes, il résulte que le capitaine de l'équipe a un rôle considérable.

Le capitaine. — Le *capitaine*, âme de l'équipe, doit être obéi d'une façon *absolue* et *instantanément*. Il dirige le jeu de son équipe par l'indication générale de « ouvrez » ou « fermez ».

Il étudie l'adversaire pendant le premier quart d'heure d'observation, et modifie s'il y a lieu en conséquence la composition de sa propre équipe.

L'œil clair, dégageant nettement une *situation*, qui évolue sans cesse, il utilise ses ressources pour en tirer le meilleur parti.

Ses ordres subits sont exécutés instantanément, sans qu'on ait le droit de chercher autre chose en croyant faire mieux, car lui seul sait ce qu'il veut, et les moyens peut-être détournés pour y parvenir. Il n'intervient pas pour donner des conseils inutiles que tout le monde connaît, comme « plaquez » ou « suivez ». Il indique brièvement le coup à faire : « en touche ! », « déplacement ! », « emmenez ! », « talonnez ! », etc.

Il *évite de réprimander* ses joueurs maladroits : le reproche ne les rendrait pas plus adroits. Au contraire il encourage fortement ceux qui jouent bien.

Il exalte l'amour-propre de l'équipe, du club, ou de la ville que ses joueurs représentent.

Il ne se décourage jamais jusqu'au coup de sifflet final.

La place la meilleure pour qu'un capitaine puisse exercer son commandement est celle de demi d'ouverture.

L'arrière. — Suprême ressource de l'équipe, l'arrière doit réunir toutes les qualités exigées d'un bon footballer.

Plaqueur infaillible, l'attaque ennemie doit se briser dans ses bras.

Très adroit des mains, il reçoit le ballon *de volée*, et évite à tout prix le *rebond incertain*.

Son coup de pied puissant doit *trouver la touche loin* et non renvoyer le ballon au milieu du terrain, ce qui le donne à l'adversaire.

Chargé par plusieurs avants, il ne se départit pas de son calme et donne son coup de pied avec flegme. Ceux qui chargent hésiteront d'eux-mêmes.

Il suit *attentivement* le jeu, et se déplace toujours *du côté* du ballon, à une certaine distance derrière ses trois-quarts.

Bouclé, il se roule sur le ballon, sans le saisir avec les mains et attend le renfort de ses coéquipiers qui viennent le soutenir.

Il *n'hésite pas* entre deux trois-quarts qui le chargent en passes, et ne cherche pas à atteindre celui qui aura peut-être le ballon, mais bien celui qui l'a, même si ce dernier paraît se disposer à faire sa passe.

En outre, il doit éviter d'être trop près de son équipe, afin que le ballon ne tombe jamais derrière lui, ce qui l'obligerait à se retourner pour y courir.

Les trois-quarts centres. — Les trois-quarts centres ont un jeu simple, relativement; solides et puissants, ils doivent être une garantie *dans la défense.* Pivot inébranlable, ils ne laissent rien passer.

Dans l'attaque, ils poursuivent la charge amorcée par le demi d'ouverture, et, sur le point d'être plaqués, servent leur aile. Aussitôt la passe faite, ils se mettent en mesure de prolonger l'attaque dans le même sens, en redoublant l'aile près de la touche, aussi vite qu'ils le peuvent.

Se faire plaquer sans avoir pris le temps de faire sa passe est une grosse faute pour un centre. De même, un centre *personnel,* qui essaie de progresser seul par feintes, crochets ou ramponneaux, est à éliminer sans regrets, quelles que puissent être ses qualités athlétiques.

Une ligne de trois-quarts n'a de valeur que par son ensemble, son entente et sa cohésion.

Les ailiers. — Les ailiers, très rapides, poussent à l'extrême la charge, *crochètent* lorsqu'ils sont assez sûrs de réussir et vont à l'essai.

L'ailier menacé peut passer à son centre *qui a doublé et qui est devenu ailier*, mais ne repasse jamais au centre qui est resté centre, devant le paquet d'adversaires qui accourent. L'ailier *non suivi et menacé* envoie le ballon loin en touche par un coup de pied, de façon à gagner du terrain.

L'ailier, arrivant *seul devant l'arrière*, ou crochète pour passer, ou par un léger coup de pied envoie le ballon derrière l'arrière. Il passe sans que celui-ci ait le droit de le plaquer et il s'empare du ballon avant lui, qui perd du temps en se retournant.

Au cours d'une attaque nettement orientée, l'équipe adverse s'est rassemblée peu à peu du côté du terrain où se trouve le ballon, instant propice pour le *déplacement*, par un long et haut coup de pied transversal, en avant de l'autre ailier, qui a suivi l'attaque *en conservant sa ligne* de marche.

Le déplacement doit être fait *assez en avant* pour que celui qui le reçoit ne soit pas obligé de s'arrêter pour attendre le ballon, et ne pas donner à l'adversaire le temps d'accourir à la rescousse pour parer à ce nouveau danger.

Les trois-quarts doivent rester rigoureusement

à leur place et s'y remettre aussitôt que possible
après une charge ratée.

La ligne ne doit pas se désorganiser. Les joueurs
doivent être habitués les uns aux autres. Un trois-
quart qui ne joue pas à sa place est un danger
pour une équipe. Celui qui cherche à jouer seul,
en négligeant de servir ses voisins à propos, est
à éliminer sans hésitation.

Le demi d'ouverture. — Le demi d'ouverture
est chargé plus spécialement d'amorcer l'attaque
lorsque le demi de mêlée lui sert le ballon, ou
lorsque le ballon lui est servi par les avants à la
suite d'une touche.

Le demi d'ouverture ne lance la ligne de trois-
quarts que lorsqu'il a fourni lui-même tout ce
dont il est capable. Il fonce résolument de l'avant
et cherche à dépasser au moins la ligne d'avants
adverses. Il évite malgré tout d'être plaqué avant
d'avoir fait sa passe.

Lorsque c'est l'équipe adverse qui a le ballon,
le demi d'ouverture doit alors étouffer dans l'œuf
les menaces d'attaque. Dès que les avants opposés
s'emparent du ballon, soit à la touche, soit à la
mêlée, le demi d'ouverture se précipite droit sur
son adversaire particulier, qui est le demi d'ouverture adverse. Il s'efforce d'arriver sur lui en
même temps que le ballon et le plaque en même
temps que celui-ci reçoit la passe.

Il peut aussi essayer d'intercepter la passe destinée à cet adversaire.

En outre, le demi d'ouverture est rompu à tous les trucs ou signes convenus de son demi de mêlée. Il collabore étroitement à toutes les ruses que celui-ci peut employer, en particulier aux touches et à la mêlée.

Le demi de mêlée. — Le demi de mêlée est la cheville ouvrière de l'équipe; son rôle a une importance considérable. Il détermine instinctivement, presque par réflexe, et en profitant des incidents les plus subits, le côté de l'attaque. L'équipe compte surtout sur lui pour avoir le ballon à la touche et à la mêlée. Son rôle exige les qualités de souplesse, d'agilité les plus étendues. Presque toujours à terre, plaqué et les jambes en l'air, le demi réussit à faire sa passe correcte à l'ouverture (1).

Marqué étroitement, il laisse toujours son adversaire immédiat dans l'incertitude sur ses intentions. Il fait en sorte de lui faire toujours attendre le contraire de ce qu'il va exécuter réellement.

Si ses avants ne lui donnent pas le ballon, il fonce sur le demi de mêlée opposé, et cherche à le boucler en lui maîtrisant *surtout les bras.*

-----

(1) Le demi est presque continuellement en faute, plus ou moins. Son rôle exige qu'il opère presque toujours en marge des règles. C'est une question de mansuétude ou de sévérité de l'arbitre.

A ·la touche, ses procédés sont extrêmement variés.

L'œil regardant nettement au loin, le bras décrivant un large mouvement comme pour faire une touche longue, le demi fait subitement une passe très courte à son premier avant, qui peut quelquefois foncer contre un adversaire inattentif, ou redonner le ballon au demi, qui est rentré vivement en jeu. Celui-ci, abrité derrière sa ligne d'avants peut ou servir les trois-quarts, ou renvoyer le ballon en touche le plus loin possible pour gagner du terrain.

De même, lorsqu'il a l'intention d'envoyer le ballon loin, le demi paraît bien se disposer à faire sa passe près.

Aussitôt que l'adversaire y est habitué, il est bon que le demi fasse quelquefois réellement ce qu'il a l'air de vouloir faire.

A chaque touche, le demi de mêlée adverse, qui marque étroitement celui qui remet le ballon en jeu, cherche à intercepter la passe en sautant. On pare à ce danger en ne lâchant pas le ballon au premier geste, et en le redoublant immédiatement pendant que l'adversaire retombe de son saut.

Le demi qui fait la touche ne lance jamais le ballon au hasard. Il choisit parmi les avants près, au centre, ou loin, celui qui lui paraît être le mieux placé, ou le plus puissant.

Il peut aussi faire la passe dans une partie inoccupée de la ligne d'avants, ou au delà de cette ligne. Cette passe est destinée au demi d'ouverture qui, *en arrière*, démarre, franchit la ligne en vitesse et attrape le ballon au vol. Le demi d'ouverture doit pouvoir être prévenu par un signal convenu.

Un procédé analogue consiste à réserver un *couloir* entre le premier avant et la ligne de touche. Le demi qui va faire là touche détourne l'attention de l'adversaire sur une touche longue. Pendant ce temps, le demi d'ouverture, dissimulé un peu en arrière de la ligne d'avants, part à fond et franchit en vitesse ce couloir. Arrivant à hauteur du demi de mêlée, celui-ci lui fait la passe. L'adversaire surpris n'a pas le temps de parer à ce danger subit. Il est indispensable qu'il y ait surprise, sinon il est inutile de tenter le coup. Dans cette opération également, il faut éviter la passe de main à main, interdite, ou la passe qui ne serait pas très exactement perpendiculaire à la ligne de touche.

Devant un premier adversaire qui est un instant inattentif, le demi fait rebondir le ballon sur lui par une passe correcte, sort de touche en même temps, puis s'empare à nouveau du ballon avant qu'il ait touché le sol, et file seul le long de la touche.

Tout ceci doit se passer extrêmement vite.

On voit donc par ce court aperçu que le demi

s'ingénie à avantager son équipe dans la remise en jeu du ballon à la touche.

De même, *à la mêlée*, le demi doit lancer le ballon très régulièrement au milieu de la mêlée entre les deux avants centres (ou talonneurs), mais il a mille moyens d'avantager son camp sans qu'il y paraisse trop.

Il prévient son talonneur du côté où celui-ci doit attendre la rentrée du ballon par le cri de « gauche ! » ou « droite ! ». Ce cri est en même temps pour le paquet d'avants le *signal* pour produire subitement son effort. Même pour un paquet d'avants de poids inférieur à l'adversaire, cette poussée, si elle *devance un peu* celle de l'adversaire, réussit à gagner au moins un pas de terrain, et cela facilite énormément au talonneur la possession du ballon.

En général, le demi rentre le ballon en mêlée du côté fermé, c'est-à-dire du côté le plus rapproché d'une touche, de façon qu'il n'ait pas à se retourner sur lui-même pour faire sa passe du « côté ouvert » lorsque le ballon sort dans son camp. Sa passe est ainsi plus rapide.

Toutefois, le talonneur est plus adroit généralement de son pied droit, le demi fera donc rentrer le ballon de préférence par la droite, toutes les fois que la situation sur le terrain ne s'y opposera pas ; le ballon, calé par le pied gauche de l'avant centre, est talonné plus aisément par le pied droit.

Par contre, et pour la même raison, le talonneur adverse est moins à son aise pour s'emparer du ballon.

Le demi de mêlée doit se méfier de l'arbitre, qui le surveille particulièrement, et ne pas être pour son équipe *une cause de pénalités*.

Il ne peut lancer le ballon directement derrière les jambes de son avant centre, mais il peut l'avantager de la façon suivante :

1° Lancer le ballon au milieu de la mêlée, le grand axe du ballon incliné vers son camp. En touchant le sol, le ballon aura une tendance à rouler de ce côté;

2° Lancer le ballon assez vivement *contre les tibias* du talonneur adverse; le ballon rebondit alors, et vient rouler de lui-même dans les jambes des avants de son propre camp.

A toutes les observations de l'arbitre, le demi de mêlée oppose un visage candide et innocent; il n'entre jamais en contestation avec lui, ce qui finirait de l'indisposer. Il s'empresse au contraire de tenir compte de ses observations, au moins en apparence et pour un certain temps.

Derrière le dribbling, une mêlée ouverte, le demi se comporte comme derrière la mêlée fermée. Il attend que le ballon soit talonné pour ouvrir sans retard du côté favorable.

Le demi ne perd pas de temps *derrière une mêlée battue*. Aux aguets sur un des côtés, il avance à la hauteur du ballon, et lorsque celui-ci sort dans le camp opposé, il est là, lui aussi, pour *boucler le demi adverse*. S'il en a le temps, il tape le ballon au pied avant que son adversaire ne s'en soit emparé. Il s'échappe ainsi seul aussi loin qu'il le peut, en poussant devant lui le ballon au pied. Ainsi, non seulement les trois-quarts adverses n'ont pu partir à l'attaque, mais ils sont déconcertés par cette pointe hardie et inattendue.

Dans le cas d'une mêlée à *proximité* des buts adverses, le demi de mêlée peut quelquefois avoir avantage à ne pas ouvrir. En possession du ballon il peut parfois foncer droit *du côté fermé*, surtout si la mêlée est près de la touche dans un coin du terrain. Même plaqué, le demi peut réussir à plonger dans le but et marquer l'essai.

L'avant centre. — L'avant centre est un spécialiste de la mêlée. Prenant appui sur ses piliers, il accroche le ballon au vol dès sa rentrée en mêlée, et *dans tous les cas le talonne*. Pour mieux y parvenir, l'avant centre veille, avec ses piliers, à ne se pencher pour la mêlée qu'après la première ligne adverse et à placer leur tête, si possible, en dessous de celle des adversaires, de façon que ceux-ci voient mal et de façon à les soulever pendant l'effort. Sinon, l'avant centre s'arrangera toujours pour placer sa tête plus près que celle de son opposant du côté où doit rentrer le ballon.

Dans toutes les autres circonstances, l'avant centre se conduit comme un avant ordinaire.

Les piliers. — Les piliers, grands et puissants, constituent, avec les avants de 2ᵉ ligne, l'ossature de la mêlée. C'est surtout l'effort des deux premières lignes qui est efficace, à condition que tous les hommes produisent leur effort exactement en même temps et subitement.

Les avants de *deuxième ligne* n'ont pas de rôle particulier à remplir.

Les avants ailes. — Les avants ailes doivent protéger leur demi quand celui-ci reçoit le ballon derrière sa mêlée. Ils s'écartent alors légèrement en éventail, tout en conservant le contact de la mêlée au moins avec une main, et obligent le demi adverse menaçant à faire un détour en se présentant de dos contre lui. Derrière cette protection, le demi de mêlée peut faire sa passe plus à loisir.

Le ballon sort-il de l'autre côté, les avants ailes attentifs se détachent instantanément, et se précipitent chacun de leur côté sur le demi adverse pour le boucler.

Les avants ailes préviennent les autres avants de la sortie du ballon par le cri de « sorti ». Ceux-ci disloquent aussitôt la mêlée.

Les avants ailes doivent se garder de vouloir trop jouer « l'embuscade » sans se mettre en mêlée.

Ils arriveraient rapidement à gêner leur propre demi dans ses mouvements, sans profit pour personne.

Aux avants de 3° ligne incombe le rôle de retenir le ballon en mêlée, lorsque le capitaine commande « gardez », « emmenez ». Le ballon est ainsi conservé au milieu de la mêlée, entre la 1ʳᵉ et la 3° ligne.

Aux touches, les avants ailes peuvent collaborer plus étroitement aux combinaisons des demis.

Les avants ailes, capables de pointes rapides, et vite détachés de la mêlée, renforcent à l'occasion la ligne de trois-quarts, qu'ils prolongent, ou dans laquelle ils s'incorporent.

La *force des avants* réside dans leur ensemble, leur cohésion. En toute circonstance, les avants luttent en paquet. Ils unissent leurs efforts soit à la mêlée, à la touche, au dribbling, soit dans la poursuite du ballon. Ce n'est que groupés qu'ils peuvent agir. Déployés à la touche, ils se regroupent instantanément derrière celui vers lequel va le ballon, et peuvent s'enfoncer ainsi comme un coin dans la ligne mince des avants adverses. Lorsque leur camp est menacé, ils gardent le ballon à terre au milieu de leur groupe, et progressent ainsi en emmenant le ballon par petits coups de pied au milieu d'eux.

S'étant emparé du ballon à la touche, l'avant peut aussi normalement le passer sans retard au demi d'ouverture, qui lancera la ligne de trois-quarts.

Tous les avants d'une équipe doivent être capables de tenir une partie *au petit trot*. Le succès peut dépendre de la rapidité de leur formation à la touche et en mêlée, surtout à la fin, pendant la deuxième mi-temps.

Lorsque les avants ne peuvent plus *suivre*, l'équipe est bien près d'être battue.

La victoire appartient à celui qui est maître de son effort, et qui reste capable de le maintenir jusqu'à la fin.

Une équipe battue ne doit pas chercher d'autre cause à sa défaite que sa propre infériorité. Les luttes sportives doivent être empreintes de la plus parfaite correction.

CHAPITRE III

QUELQUES SCHÉMAS

Position des équipes au coup d'envoi aux 50 mètres.

L'équipe attaquée couvre le terrain. Les joueurs, placés en quinconce, se répartissent tout le terrain où le ballon peut tomber pour le recevoir sans perdre de temps et le renvoyer en touche par un long coup de pied.

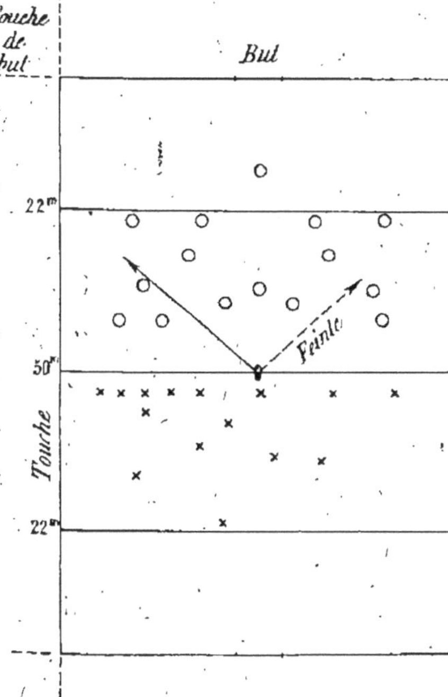

Fig. 1.

L'équipe qui donne le coup d'envoi se groupe du côté où le ballon va être envoyé, les trois-quarts à distance de passe.

Celui qui donne le coup de

pied trompe l'adversaire jusqu'au dernier moment sur la direction qui sera donnée au ballon. Le groupement d'avants ne se resserre qu'au dernier moment, sans attirer l'attention de l'équipe adverse si possible, ou tout au moins sans lui laisser le temps de se grouper à son tour dans la région menacée.

Le coup de pied est donné *assez haut* pour laisser le temps au paquet d'avants d'arriver en même temps que le ballon à l'endroit où il tombe.

Riposte normale au coup d'envoi : un long coup de renvoi loin en touche.

L'équipe attaquée n'est pas en mesure d'attaquer à son tour, puisque tous ses joueurs sont dispersés. Une échappée d'un joueur isolé ne peut aller loin. Il est plus facile de gagner du terrain par un coup de pied en touche.

La passe.

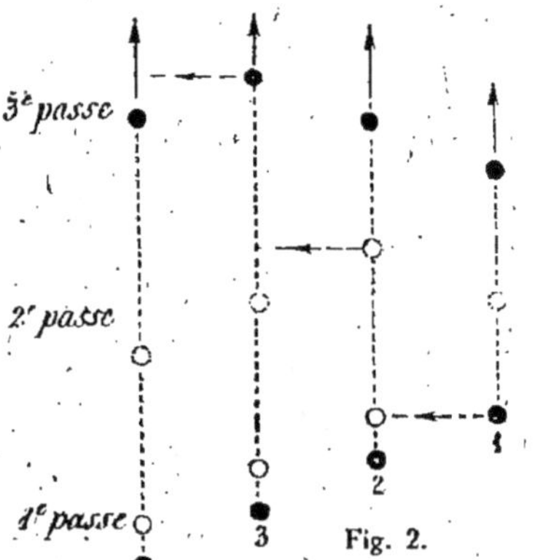

Chaque trois-quart court droit sur sa ligne, et en retrait par rapport à celui qui porte le ballon.

La passe n'est pas adressée à l'endroit où *l'homme est* mais à l'endroit où il sera. Le ballon est attrapé

au vol sans qu'il y ait le moindre ralentissement
d'allure.

Veiller toutefois à ce que la passe ne soit pas
« en avant ». La passe correcte se fait à hauteur
de la ceinture.

Redoublement de la passe le long de la touche.

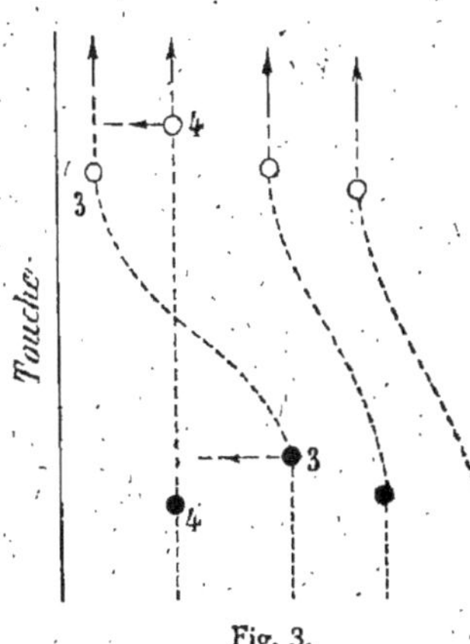

Fig. 3.

Ce qui fait l'intérêt
de cette opération,
c'est que le mouve-
ment de 3, exécuté
derrière celui de 4,
n'attire pas l'attention.
3 se démasque subite-
ment au bon moment
et la surprise est com-
plète.

D'autre part, les
quatre trois-quarts ad-
verses, qui ont marqué chacun leur homme, ne
peuvent parer à ce cinquième trois-quart qui se
révèle subitement.

Le déplacement.

Après la mêlée, les trois-quarts partent à
l'attaque et dépassent le groupe des avants.

Le ballon passe de 2 à 3, puis à 4.

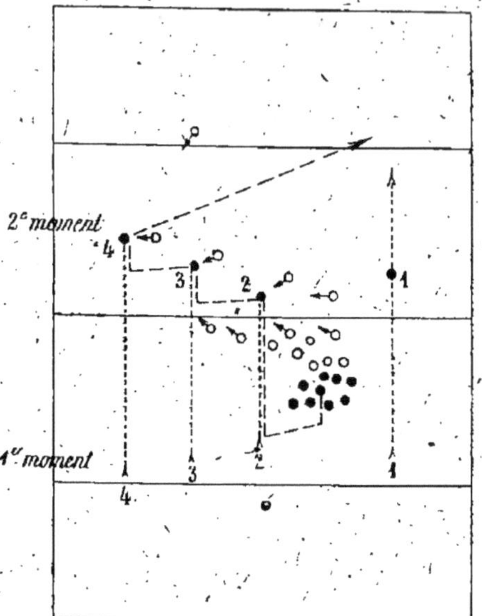

Fig. 4. — Changement brusque de la direction de l'attaque dans le trou formé par l'équipe attaquée, — · — · — · — chemin suivi par le ballon.

Toute l'équipe adverse a été *attirée peu à peu* sur la gauche par la menace.

Les avants, dépassés, ne peuvent intervenir assez vite. L'instant est propice pour que *4 déplace vers 1*, qui a suivi le mouvement *sur sa ligne, isolé.*

La mêlée.

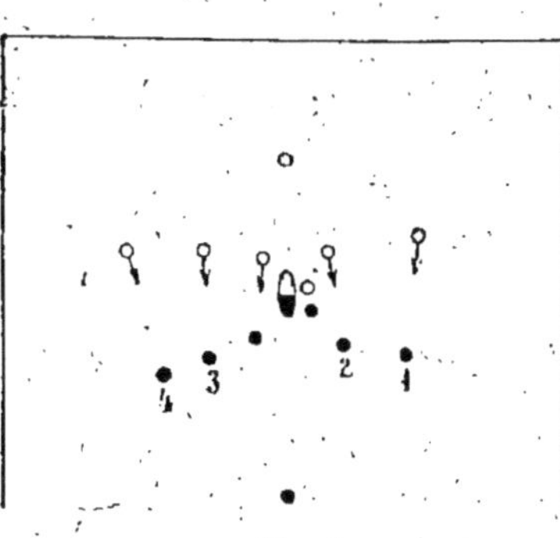

Fig. 5.

Mêlée au centre. — Les trois-quarts de l'équipe attaquant : ●, échelonnés, à distance de passe, de part et d'autre de la mêlée.

Les trois-quarts de l'équipe attaquée : ○ s'efforcent

à la fois de couvrir le terrain, et se tiennent prêts à se précipiter, chacun sur son adversaire particulier, dès que le ballon commencera à sortir chez l'adversaire, sans attendre que cet adversaire soit lui-même en possession du ballon.

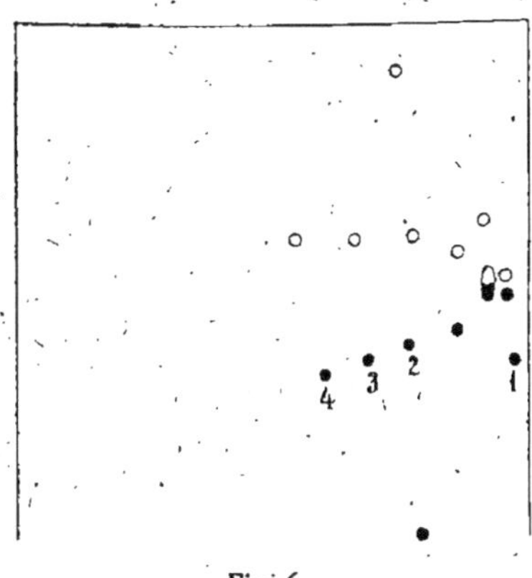
Fig. 6.

Mêlée sur la touche. — Ouverture ordinaire du côté gauche. Le trois-quart aile droite seul se tient près de la touche pour soutenir une feinte du demi de mêlée, ou éventuellement pour recevoir un déplacement venant de l'aile gauche, lorsque l'attaque par passes ne pourra plus progresser.

Même observation que plus haut en ce qui concerne les trois-quarts de l'équipe attaquée : o.

Tourner la mêlée est une opération délicate et qui va souvent à l'encontre du résultat cherché. En effet :

1° Si on a le ballon à la mêlée, d'une façon régulière, parce qu'on est le plus fort, il n'y a pas grand avantage à tourner la mêlée pour partir en dribbling. Il vaut certainement mieux ouvrir sur ses trois-quarts, même si ceux-ci ne sont pas brillants.

2° Si c'est l'adversaire qui a le ballon à la mêlée, il est au contraire dangereux de tourner la mêlée, parce qu'en le faisant, on se dérobe devant le paquet adverse, qui peut enfoncer et talonner tout à l'aise. L'adversaire a le ballon et s'en servira, même si la mêlée tourne.

Dans ces conditions, on peut se demander si le fait de tourner la mêlée répond réellement à un besoin, et s'il donne des résultats. Ce procédé, qui veut se donner des allures d'opération réfléchie, me paraît être au contraire une fantaisie inefficace.

Par rapport à la mêlée, le *côté ouvert* est le côté où la touche est plus éloignée; le *côté fermé* est le côté le plus rapproché de la touche.

En général, le demi *ouvre* de préférence du *côté ouvert*. Mais, dans certaines situations particulières, il peut avoir avantage à ouvrir du *côté fermé*. Par exemple : mêlée dans un coin du terrain près de la touche et des buts adverses; le demi feinte, fonce seul subitement comme un boulet de canon le long de la touche, et plonge dans le but malgré l'opposition qu'il peut rencontrer tardivement.

Mêlée près des buts adverses. — Le demi d'ouverture ayant reçu le ballon du demi de mêlée a souvent avantage à tenter le *drop-goal*, c'est-à-dire essayer d'envoyer le ballon, par un coup de pied tombé entre les deux poteaux de but et au-dessus de la barre transversale.

La touche.

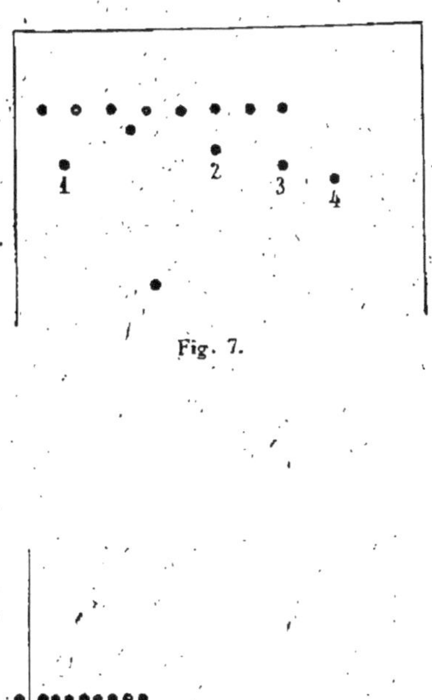
Fig. 7.

1° C'est votre propre demi qui remet le ballon en jeu. La touche est *près des buts adverses.*

Les avants font leur possible pour être démarqués, et ils s'espacent largement.

Penser au *couloir.*

Ouvrir à outrance.

2° C'est votre propre demi qui remet le ballon en jeu. La touche est *près de vos propres buts.*

Les avants se groupent étroitement. Le ballon sera donné *au paquet.*

Fig. 8.

Fermer rigoureusement.

Remonter par coups de pied en touche aussitôt que possible.

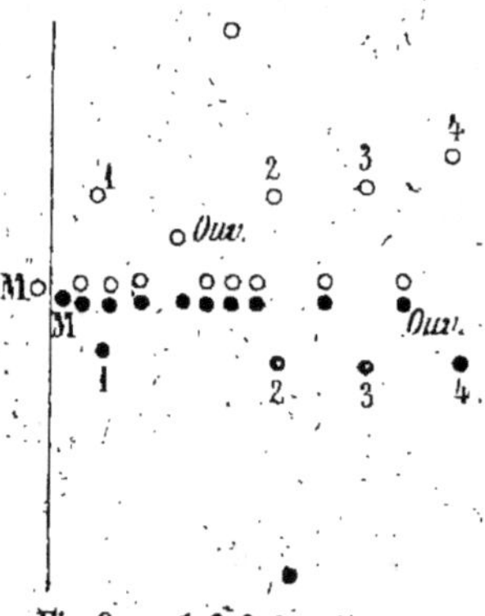

Fig. 9. — *1, 2, 3, 4*, trois-quarts.
Ouv., demi d'ouverture.
M., demi de mêlée.

3° C'est *le demi adverse* qui remet le ballon en jeu. Quel que soit l'emplacement de la touche, près de vos buts, près des buts adverses, les avants se soucient uniquement de *marquer chacun son homme*, c'est-à-dire de se coller étroitement à lui, qu'il s'écarte ou se resserre.

Surveiller le couloir.

CHAPITRE IV

ÉTUDE DE L'ADVERSAIRE

Arrière maladroit, ou lent :

Jouer souvent sur lui par grands coups de pied assez hauts. Les avants suivent en trombe, arrivent sur le ballon en même temps que lui, et profitent immédiatement de ses maladresses.

Arrière plaqueur émérite :

Arrivant sur lui, donner un léger coup de pied au ballon, et aller le rattraper en vitesse plus loin. L'arrière ainsi ne peut vous plaquer, et il perd du temps sur vous en se retournant.

Trois-quarts rapides, adroits :

Renforcer la surveillance de la mêlée, de la touche, de façon que ces trois-quarts brillants ne soient *jamais servis*. Par prudence, fermer souvent le jeu.

Trois-quarts ordinaires :

Augmenter au besoin sa propre ligne de trois-quarts d'une unité, de façon à augmenter sa puissance offensive, et à marquer nettement une différence en sa faveur.

Demis :

Les demis sont des joueurs choisis, qui sont rarement mauvais. Dans tous les cas, bons ou moyens, il faut les marquer étroitement, et, avec l'aide des avants ailes, étouffer dans l'œuf toutes leurs combinaisons.

Avants lourds, lents, manquant de souffle :

Ouvrir à outrance, mener le jeu à toute allure. Se former très rapidement en touche et en mêlée. Grands déplacements au pied, de façon à les mettre rapidement hors de combat par une allure endiablée.

Equipe lourde et puissante dans l'ensemble :

Ouvrir le plus possible ; mêmes observations que plus haut.

Equipe légère, mobile et adroite :

Fermer le jeu le plus souvent. Contrôler le ballon. Jouer par ses avants surtout. Plaquer sec.

NOTA. — Les observations ci-dessus dépendent non seulement de l'adversaire, mais aussi de la valeur de votre propre équipe. Il est évident que vous vous comporterez différemment suivant ce que peuvent donner vos propres lignes. Il ne peut donc pas y avoir de règle absolue dans la conduite à tenir. D'une façon générale, connaissez *le point fort* de l'adversaire pour lui *résister*, et connaissez son *point faible* pour faire tous vos efforts offensifs sur ce point. Répartissez vos forces dans l'équipe en conséquence, mais n'affaiblissez jamais *trop* une ligne sous prétexte d'en renforcer une autre. L'équilibre de votre équipe serait rompu et vous n'y gagneriez rien.

ENTRAINEMENT ATHLÉTIQUE D'UNE ÉQUIPE

A la base :

Avoir la *volonté* de bien faire ;
Etre *discipliné ;*
Avoir une conduite et une tenue irréprochables ;
Avoir l'*esprit sportif*, fait de bonne humeur et de camaraderie.

Pour être fort :

Mener une vie régulière. Pas d'excès d'aucune sorte. Se coucher tôt. Alimentation saine. Boire très modérément. De l'air, de la lumière et des ablutions en abondance.

Instruction.

1° *Instruction morale* donnée d'une façon constante par les dirigeants. Ceux-ci prêchent surtout d'exemple.

2° *Instruction individuelle.* — Au cours de ces séances données sur le terrain, le joueur apprend ou perfectionne ce qui constitue les *éléments* du jeu, passes, coups de pied, plaquage, sans idée tactique.

3° *Instruction collective.* — Se fait au *tableau*

noir et *sur le terrain*. Etude des différentes combinaisons de jeu dans des situations nettes. Place et rôle des joueurs, etc.

Programme d'une séance complète d'instruction individuelle.

1° *Massage. Mise en train.* — Assouplissement des bras et des jambes. Mouvements respiratoires. Un tour de terrain à allures variées.

2° *Démarrages* instantanés en vitesse sur 5, 10, 20^m. *Arrêts brusques.*

3° *Coups de pied.* — Assurer la *direction* avant de chercher à taper fort. *Viser* un point peu éloigné d'abord. Ne pas faire tournoyer le ballon. *Changer de pied.*

4° Lignes successives de quatre hommes, à 2^m d'intervalle. *Passes* sur place, en marchant au pas, au petit trot, en vitesse, en augmentant les intervalles.

5° *Groupe de 4 ou 5 hommes.* — *Etude du dribbling* : lentement, au petit trot.

6° *Grandes passes longues*, les hommes répartis sur un grand cercle. Changer le sens.

7° *Groupe de 4 ou 5 hommes.* —Etude du *saut à la touche* pour s'emparer du ballon. (Chacun fait le demi à tour de rôle.)

8° Le ballon étant à terre, passer en vitesse et le ramasser sans ralentir (par côté).

9° *Etude du plaquage* :

Arrêté, au pas, en courant;

a) le ramponneau;

b) le crochet.

10° *Entraînement au fonds*. — Faire des tours de piste ou de terrain au petit trot, par groupes de 4 ou 5 hommes. Le ballon est passé de mains en mains en courant, puis poussé au pied, puis ramassé, et ainsi de suite.

Augmenter progressivement la durée chaque jour. Rester toujours *en dessous* de son effort. Eviter le surentraînement.

11° *Mouvements respiratoires*. Douche. Massage.

Nota. — Les séances augmentent progressivement d'intensité, en précision, en violence.

Les passes hautes, au ventre, basses; les coups de pied placés, tombés; de volée, sont variés chaque jour.

Les passes sont travaillées aussi bien de gauche à droite que de droite à gauche.

Les coups de pied sont exécutés par l'un et l'autre pied successivement.

CONCLUSION

Je n'ai évidemment pas la prétention d'avoir tout dit sur un sujet aussi complexe que l'est le Rugby. J'ai d'ailleurs écarté volontairement de mon exposé les *règles* du jeu, et les renseignements simples qui sont connus instantanément dès que l'on a l'occasion d'assister à une partie.

Toutefois, ce petit traité met en relief certaines idées générales qui sont encore bien confuses dans l'esprit de beaucoup de joueurs. Il était nécessaire de les préciser et de les mettre à la portée de tous.

Puisse cet ouvrage inspirer au lecteur le goût du Rugby et faire naître en lui cet enthousiasme sacré qui anime tous les joueurs.

Le Rugby est à coup sûr le plus beau et le plus passionnant des sports, le plus complet, le plus athlétique, et celui qui met le plus en œuvre les qualités de l'esprit.

Il jouit à juste titre auprès du public d'une faveur marquée.

Au moment où l'éducation physique en France subit une poussée formidable et s'oriente nettement vers la pratique des sports athlétiques, puisse ce modeste ouvrage apporter aussi sa pierre à l'immense édifice.

Mai 1922.

APPENDICE

CODE DE FOOTBALL RUGBY

Extraits des Règlements de l'U. S. F. S. A.

Equipes. — Les deux équipes sont composées chacune de 15 joueurs.

Terrain. — Le sol des terrains sur lesquels se disputent les épreuves officielles de l'U.S.F.S.A. doit être de gazon ou d'herbe fauchée au plus ras. Tous les autres sols sont absolument interdits.

Le terrain a la forme d'un rectangle de 95 à 100 m. de longueur sur 66 à 70 m. de largeur. Il est aussi horizontal que possible. La pente ne doit pas excéder 1 centimètre par mètre. Le terrain ne doit présenter ni trous ni bosses.

Les lignes démarquant les limites du terrain de jeu doivent être convenablement marquées. On les désigne sous le nom de lignes de but, aux extrémités du terrain, et lignes de touche, sur les côtés du terrain.

Sur chaque ligne de but, et à distance égale des lignes de touche, il y aura deux poteaux verticaux, nommés poteaux de but, ayant plus de 3 m. 50 de hauteur et séparés par une distance de 5 m. 50, unis par une barre transversale à trois mètres du sol.

Objet. — Le but du jeu est de lancer le ballon d'un coup de pied, par-dessus cette barre transversale et entre les poteaux.

Durée des matches. — La durée de tout match de championnat est d'une heure vingt minutes, soit quarante minutes de chaque côté. En cas de match nul, l'arbitre après un repos de cinq minutes prolonge la partie de vingt minutes, dix de chaque côté. Cette prolongation n'ayant pas donné de résultat, après un nouveau repos de cinq minutes, il y a lieu à une seconde prolongation de vingt minutes, dix de chaque côté.

L'équipe refusant de continuer est déclarée battue.

Chaque équipe doit se présenter sur le terrain avec un ballon en bon état.

Définitions.

Lignes de ballon mort. — A une distance ne dépassant pas 22 m. derrière chaque ligne de but et parallèlement à celles-ci se trouvent les lignes de ballon mort. Si le ballon, ou un joueur tenant le ballon, touche ou dépasse ces lignes, le ballon est dit « mort » et le jeu est arrêté.

But. — Partie du terrain comprise entre la ligne de but, la ligne de ballon mort et les prolongements des lignes de touche. Les lignes de but sont en but.

Touche. — Les parties du sol attenant directement aux côtés du terrain de jeu, et entre les lignes de but, sont nommées touches.

Touche de but. — Parties du sol attenant directement aux quatre coins du terrain de jeu et situées entre les lignes de but et les lignes de touche respectivement prolongées.

Coup tombé. — Se donne en laissant tomber le ballon à terre et en le frappant avec le pied quand il rebondit.

Coup placé. — Se donne en frappant du pied le ballon qui a été préalablement placé sur le sol à cette intention.

Coup de volée. — Se donne en laissant tomber le ballon de ses mains et en le frappant du pied avant qu'il ait touché terre.

Tenu. — Il y a tenu lorsque celui qui porte le ballon est lui-même tenu par un ou plusieurs joueurs du camp opposé, de manière qu'il ne peut ni le passer ni le jouer.

Quand il y a tenu, le ballon ne peut être remis en jeu qu'avec le pied.

Dribbler. — C'est faire avancer le ballon au moyen de petits coups de pied.

Mêlée. — Tous les joueurs dans la mêlée doivent avoir les deux pieds sur le sol au moment où le ballon est mis dans la mêlée.

Essai. — Un essai est gagné par le joueur qui

met le premier la main sur le ballon en contact avec le sol dans le but ennemi.

Touché. — Est fait lorsqu'un joueur met le premier la main sur le ballon en contact avec le sol dans son propre but.

Gain d'un but. — Pour gagner un but, il faut envoyer le ballon, par un coup tombé ou placé (jamais de volée), directement du terrain de jeu par-dessus la barre transversale du but de l'adversaire, à condition que le ballon auparavant ne touche ni le sol ni un joueur.

Celui qui donne le coup de pied ne doit pas placer lui-même le ballon à terre. En aucun cas il n'a le droit de toucher au ballon pour mieux le disposer en vue du coup de pied.

En avant. — Il y a « en avant », quand le ballon est projeté dans la direction du but adverse, soit avec la main, soit avec le bras écarté du corps, même si le ballon est rattrapé par le joueur.

Arrêt de volée. — A lieu quand le joueur saisit le ballon de volée, et que celui-ci provient directement de l'adversaire à la suite d'un coup de pied ou d'un « en avant ». Le joueur fait une marque dans le sol avec son talon à l'endroit où l'arrêt a été fait.

Un arrêt de volée donne droit à un coup franc. Ce coup franc est donné obligatoirement par le joueur qui a marqué l'arrêt de volée. (Modifications du National Board, 1920.)

Coup d'envoi. — C'est un coup de pied placé, donné au centre du terrain, et par lequel on met le ballon en jeu :

1° Au commencement de la partie;

2° A la mi-temps, par le camp opposé à celui qui l'a mis en jeu au début de la partie;

3° Après le gain d'un but ou d'un essai, par le camp qui a perdu ce but ou cet essai. (Modifications, 1920.)

Au moment où le coup de pied est donné :

1° Les adversaires doivent se tenir à 10 m. du ballon;

2° Les joueurs de l'équipe qui donne le coup d'envoi ne doivent pas dépasser le milieu du terrain tant que le coup de pied n'est pas donné;

3° Les joueurs ne peuvent charger tant que le coup de pied n'est pas donné.

Coup de renvoi aux 22 mètres. — Est un coup de pied tombé, donné à moins de 22 mètres de la ligne de but de celui qui donne le coup de pied :

1° Quand le ballon franchit la ligne de touche de but, ou celle de ballon mort;

2° Après un « touché ».

Les joueurs du camp qui donne le coup de pied doivent se tenir en arrière du ballon.

Les adversaires ne peuvent ni avancer ni charger au delà de la ligne des 22 mètres.

Au coup d'envoi, le ballon doit franchir une

distance supérieure à 10 mètres. Au coup de renvoi, il doit dépasser la ligne des 22 mètres.

Arbitres. — L'arbitre siffle pour arrêter le jeu :

1° Quand le jeu est brutal, déloyal, ou incorrect. Même sans avertissement, il a le droit d'expulser un joueur fautif.

Il réprime l'obstruction.

Il siffle quand il voit une irrégularité qui profite à l'équipe qui la commet. Il ne doit pas siffler quand l'équipe non fautive remporte un avantage.

Il siffle quand un joueur tenu ne lâche pas aussitôt et loyalement le ballon, quand un joueur à terre ne se débarrasse pas de suite et loyalement du ballon ou en se levant ou en s'éloignant.

Si un joueur n'observe pas ces règles, un coup franc est accordé contre son camp.

Si un joueur du camp opposé empêche le joueur de lâcher le ballon ou de se relever, le coup franc est appliqué contre lui.

Les décisions de l'arbitre sont irrévocables et définitives.

Juges de touche. — Munis d'un drapeau, ils le lèvent lorsque le ballon entre en touche et en touche de but. Ils se portent rapidement à l'endroit où le ballon a franchi la ligne. Ils assistent l'arbitre dans le cas où l'on tente un but.

Résultats. — Un essai vaut ...... 3 points.
Un but après essai vaut 2
Un but sur coup franc vaut 3
Un but sur coup tombé en cours de
    la partie vaut 4
La victoire est donnée à la majorité des points.

Manière de jouer.

Tout joueur non « hors jeu » peut donner des coups de pied dans le ballon, le ramasser, le porter, le lancer en arrière, mais il ne doit pas le ramasser dans les cas suivants :

1° Dans la mêlée;

2° Quand il est à terre après un tenu.

Hors jeu. — Tout joueur est hors jeu :

1° S'il pénètre ou cherche à pénétrer dans la mêlée par le côté de ses adversaires;

2° Si le ballon a été joué en dernier lieu derrière lui par un joueur de son camp.

Il cesse d'être hors jeu :

1° Quand un adversaire a couru 5 mètres avec le ballon;

2° Quand le ballon a touché un adversaire;

3° Quand le joueur de son camp qui a joué en dernier lieu le ballon ou un joueur de son camp portant le ballon le dépasse dans la direction du but ennemi.

Un joueur hors jeu ne jouera pas le ballon et

ne gênera ni activement ni passivement un adversaire; il ne devra approcher ni rester intentionnellement à moins de dix mètres d'aucun adversaire attendant le ballon.

Coups francs. — Les coups francs peuvent être des coups placés, tombés, ou de volée.

Le coup doit être donné d'un point quelconque en arrière de la marque, et à même distance de la ligne de touche. Le coup doit être donné suivant une ligne parallèle à la touche.

Tant que le ballon n'est pas lancé, les joueurs du camp qui donne le coup de pied doivent se tenir en arrière du ballon.

Les joueurs du camp opposé ne peuvent dépasser la marque, mais ils ont le droit de charger :

1° S'il s'agit d'un coup placé, aussitôt que le ballon touche terre;

2° S'il s'agit d'un coup tombé ou de volée, dès que le joueur prend son élan ou fait mine de taper le ballon.

Mais lorsque le coup franc est accordé à une équipe à la suite d'une faute volontaire, il est interdit aux adversaires de charger.

Pénalités.

Coup de pied franc. — Un coup franc est accordé, si un joueur :

1° Touche volontairement le ballon avec la

main dans une mêlée, se couche à terre dans la mêlée, fait sortir avec la main le ballon de la mêlée, ou le prend dans la mêlée avec les mains ou les jambes;

2° Ne lâche pas immédiatement et devant lui le ballon, quand il est tenu;

3° Étant à terre, ne se relève pas immédiatement;

4° Empêche un adversaire de se relever ou de lâcher le ballon;

5° Fait un tenu illégal ou de l'obstruction;

6° Arrête intentionnellement un adversaire qui n'a pas le ballon;

7° Donne intentionnellement des coups de pied à un adversaire ou lui fait un croc-en-jambe;

8° Ne met pas immédiatement et loyalement le ballon en mêlée, ou si, celui-ci étant sorti, l'y fait rentrer volontairement avec le pied ou la main;

9° Sans courir lui-même sur le ballon, charge ou gêne un adversaire qui n'a pas le ballon;

10° Ne faisant pas lui-même partie de la mêlée, gêne les arrières adverses en restant en avant du ballon quand celui-ci est encore en mêlée;

11° Empêche volontairement la mise correcte du ballon en mêlée;

12° Commet volontairement et systématiquement une faute nécessitant une mêlée, ou cause volontairement une perte de temps inutile;

13° Faisant partie d'une mêlée, lève un ou deux pieds avant que le ballon ait touché terre dans la mêlée.

Généralités.

Touche. — Le ballon est en touche quand il traverse le plan de la ligne de touche, soit seul, soit porté par un joueur.

La touche appartient au camp opposé à celui qui a touché le ballon en dernier lieu sur le terrain, excepté dans le cas où le porteur du ballon a été projeté en touche par l'adversaire.

Pour la remise en jeu, le ballon est lancé dans le terrain, perpendiculairement à la ligne de touche.

Dans le cas d'une infraction pour la remise en jeu, une mêlée est formée à 10 mètres de la touche, sur la perpendiculaire partant du point où le ballon est sorti en touche.

Quand le ballon est mis en jeu de la touche, il est interdit à un joueur de charger un adversaire non possesseur du ballon.

Touche de but. — Si le ballon sort en touche de but ou passe la ligne de ballon mort, il doit être remis en jeu par un coup de renvoi donné de la ligne des 22 mètres.

Mêlée. — Dans les 22 mètres, sur faute commise à moins de 10 mètres de la ligne de touche, la mêlée doit être formée à 10 mètres de là ligne de touche, et parallèlement à la ligne de but.

L'arbitre peut indiquer de quel côté le ballon doit être mis en mêlée.

Le joueur chargé de mettre le ballon en mêlée doit le faire immédiatement, et sans attendre que tous les joueurs soient placés en mêlée.

En avant. — Dans le cas d'un « en avant », le ballon est reporté à l'endroit où l'infraction a été faite, et une mêlée a lieu, à moins toutefois qu'un arrêt de volée n'ait été marqué et accordé, ou que l' « en avant » ne profite immédiatement à l'adversaire.

But après essai. — Est tenté sur une parallèle à la ligne de touche, passant par le point où l'essai a été marqué, et à une distance quelconque de ce point.

N'importe quel joueur, autre que le donneur de coup de pied, peut placer le ballon.

Le droit de charger est le même que pour les coups francs, le camp défendant devant se tenir derrière sa ligne de but.

Tenu en but, le ballon ne touchant pas le sol, donne lieu à une mêlée à 5 mètres de la ligne de but, et en face de l'endroit où s'est produit le tenu.

Lorsqu'une équipe rentre elle-même le ballon dans son propre but, puis y fait un touché, le ballon est remis en jeu par une mêlée qui a lieu au point d'où est parti le ballon en dernier lieu avant de franchir la ligne de but.

TABLE DES MATIÈRES

ALBI. - IMP. ED. JULIEN. - 1139-22